TUTELATI
CON IL SISTEMA

E NON SCENDERE A COMPROMESSI
PUR DI AVERE IL PREZZO PIÙ **BASSO**!!!
SPESSO PER SPENDERE MENO SI RISCHIA DI **SPENDERE IL TRIPLO!**

Attenzione, affidandoti ad aziende non focalizzate e con personale non qualificato e inesperto,

esponi te stesso e i tuoi collaboratori
ad eventuali incidenti o infortuni
rischiando sanzioni amministrative e penali.

Allora perché non dormire sonni tranquilli
affidando la tua serenità e la sicurezza dei tuoi colleghi
alla competenza della TechnoCappe?

Vai su:
www.cappasicura.it

Le 5 Considerazioni da fare prima e durante l'acquisto di una Cappa Biohazard

Check list

delle verifiche da eseguire prima e durante l'acquisto di una cappa biohazard

	Pag.

☐ **ESIGENZE DEL PERSONALE:**   7
Verifica preventiva delle esigenze lavorative del personale di laboratorio al fine di tutelare la loro salute nonché il prodotto
note..
....

☐ **DISPOSIZIONE CAPPA IN LABORATORIO:**   17
Verifica preventiva del laboratorio nel quale si intende installare la cappa biohazard (importanza estrema)
note..
....

☐ **IDONEITA' DELLA CAPPA RICHIESTA:**   23
Verifica dell'idoneità della cappa biohazard rispetto alla tipologia di lavorazione che si intende eseguire
note..
....

☐ **ACCERTAMENTO DANNI:**   31
Verifica della cappa dopo l'installazione, per accertare che la stessa funzioni correttamente e non abbia subito danni nel trasporto.
note..
....

☐ **REGOLARITÀ DELLA GARANZIA E FUNZIONALITÀ:**   35
Verifica l'esistenza di una garanzia sulla manutenzione e funzionalità della cappa biohazard
note..
....

Leggi altri articoli su: *www.chizard.it*   Autore: *Fabrizio Cirillo*

Articoli sul portale informativo delle cappe

Il portale informativo sulle Cappe Chimiche e Biohazard

Di seguito ti riportiamo un elenco degli articoli pubblicati sul portale che puoi visitare velocemente sul tuo smartphone:

 Vuoi sostituirti i Carboni attivi della tua cappa chimica?
Scopri come, quando e perché non farlo da solo.
www.chizard.it/10

 Smaltimento filtri delle cappe da laboratorio?
Ecco le 5 cose fondamentali da sapere
www.chizard.it/11

 Hai una cappa DUCTED O DUCTLESS?
Scopri la velocità di aspirazione che devono avere
www.chizard.it/2

 Neon UV germicida cappa biologica... Soluzione o problema?
www.chizard.it/6

 Disinfettante **UMONIUM 38** per rendere sicura la tua **CASA VACANZE** e la tua **CAPPA BIOHAZARD**
www.chizard.it/12

 Dispositivo di Protezione Collettiva - (DPC) o Individuale (DPI)?
www.chizard.it/7

 Routine lavorative ERRATE rischiano l'aumento della contaminazione crociata
www.chizard.it/4

 Filtri HEPA intasati su una cappa biologica? Scopri le verità che ti hanno nascosto per decenni
www.chizard.it/8

Sul nostro portale **www.chizard.it**, nella sezione
"Info Top Secret"
inserendo la mail potrai scaricare tanto materiale utile.
Di seguito trovi alcuni esempi del materiale presente in tale sezione:

 Sono i DPC?

 12 Cose Da Fare e 26 Da Evitare

 uale d'uso e manutenzione per

 12 Cose Da Fare e 26 Da Evitare

 gine rischi e problematiche

 Cappe di Sicurezza Biologica +

www.chizard.it

"Ciao, sei approdato su questa guida perché devi procedere all'acquisto di una cappa biohazard e non sai proprio da dove cominciare?"

Se è così allora devo dire che sei già sulla buona strada perché non è da tutti mettersi alla ricerca di informazioni utili prima di fare un acquisto da migliaia di euro che, fatto superficialmente, potrebbe rischiare di farti spendere soldi inutili.

Immagina di dover acquistare una macchina.

Ti recherai presso un concessionario qualsiasi, oppure prima farai delle considerazioni sulla base dell'utilizzo che ne dovrai fare?

Ovviamente anche dettate dal budget che hai!

Ad ogni modo, se devi acquistare un macchina per la casa in montagna piena di vie strettissime e dove spesso nevica, probabilmente sarai orientato verso una panda 4X4 a prescindere dal budget perchè un SUV per quanti soldi potrai avere, non passerà nelle viette strette.

Al contrario se devi acquistare una macchina per la tua famiglia, opterai per qualcosa di robusto e sicuro che tuteli la sicurezza dei tuoi figli e al tempo stesso che non duri una settimana ma diversi anni.

E per lo stesso principio, se vuoi divertirti e sfrecciare in pista ti prenderai una Ferrari o comunque una macchina sportiva.

Quando acquisti una cappa chimica le cose non cambiano, devi sempre partire da un'analisi preventiva per poi arrivare all'acquisto più intelligente e corretto che ti garantisca il risultato ottimale. Non ho la sfera di cristallo ma immagino che tu debba acquistare una cappa per i seguenti motivi:

1) Salvaguardare i tuoi collaboratori dai rischi biologici delle manipolazioni
2) Tutelare l'ambiente circostante, il prodotto e i lavoratori nel laboratorio
3) Essere in regola con le normative in caso di eventuali controlli
4) Prevenire incidenti e infortuni abbattendo rischi biologici e contaminazioni
5) Cercare di spendere il meno possibile o quanto meno restare nel budget

Per quanto riguarda i primi 4 punti no problem, sono sicurissimo che li potresti ottenere, invece riguardo al 5° punto. Mmmmm...

Questo perché non puoi avere nella stessa frase qualità, sicurezza e risparmio.

Mi dispiace dirti che non funziona così e chi te lo propone probabilmente ti stà fregando.

Poi ci sono situazioni in cui ti fanno spendere molti più soldi del dovuto e anche questo è vero.

Non sempre pagare molto di più è sinonimo di qualità ma sicuramente è impossibile il contrario.

Ecco perché ho deciso di scrivere questa guida, proprio per aiutarti a fare le giuste valutazioni così da non sprecare soldi inutilmente.
Se poi sei una struttura pubblica allora peggio mi sento perchè quei soldi spesi male derivano anche dalle mie tasse e questo non è bello. ;-(

In questo documento ho deciso di svelare infatti le 5 verifiche da eseguire nella scelta e nell'acquisto di una cappa biohazard

Questo perché il più delle volte la mancata conoscenza di alcune nozioni unita alla volontà di spendere il meno possibile genera un mix devastante.

Allora cosa aspetti, continua a leggere e finalmente potrai uscire dalla massa comune e vedrai che facendo qualche ragionamento con me e grazie a qualche piccola considerazione avrai molti strumenti in più per fare la tua scelta nel modo più appropriato ed efficace.

Ecco quindi le 5 verifiche che si devono fare prima dell'acquisto di una cappa biohazard nel proprio laboratorio:

1. ESIGENZE DEL PERSONALE
2. DISPOSIZIONE CAPPA IN LABORATORIO
3. IDONEITA' DELLA CAPPA RICHIESTA
4. CERTEZZA CHE NON VI SIANO DANNI
5. VERIFICA DEL FATTO CHE SIA TUTTO IN REGOLA

1) ESIGENZE DEL PERSONALE

Verifica preventiva delle esigenze lavorative del personale di laboratorio al fine di tutelare la loro salute e il prodotto sotto cappa biohazard.

Eccoti svelato quindi il primissimo passo da seguire.

Scontato?

Beh, dovrebbe esserlo ma ti posso assicurare che nella maggioranza dei casi nessuno si sofferma ad analizzare per bene alcuni aspetti.

Ad esempio, spesso e volentieri sento parlare di richieste di acquisto di cappe biologiche.

Devi sapere che le cappe a flusso laminare sono di diversi tipi, le due più importanti sono le "cappe biologiche" e le "cappe di sicurezza biologica"

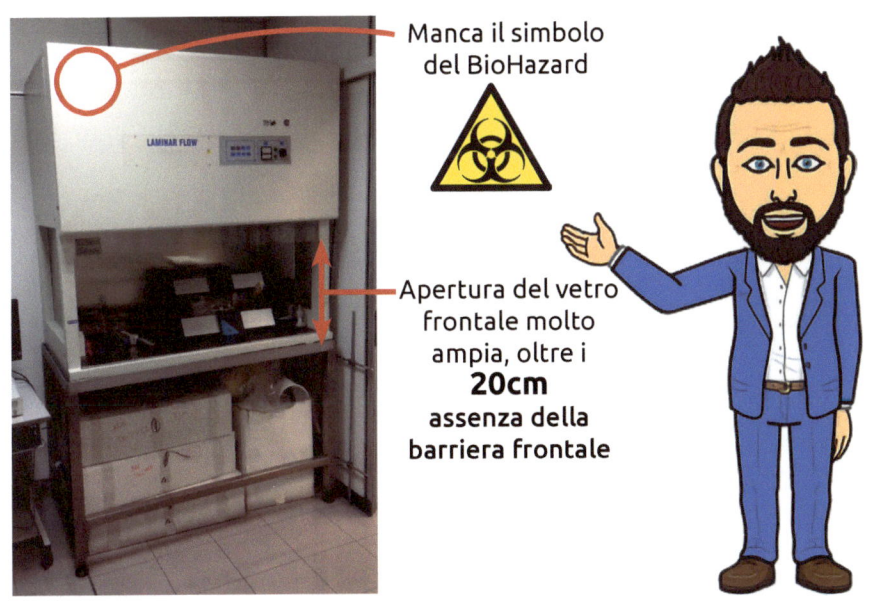

Da qui dovresti capire da subito che le prime non proteggono l'operatore e l'ambiente perché manca il termine sicurezza e infatti non sono definiti DPC (dispositivi di protezione collettiva)

Sono in molti a confondere questo aspetto anche perché la maggior parte le chiama semplicemente cappe FLV, acronimo che indica proprio "Flusso laminare verticale" o in inglese cappe VLF "Vertical laminar flow".

In soldoni sono la stessa cosa, cappe a flusso d'aria verticale laminare oppure cappe a flusso d'aria orizzontale ma entrambe NON sono cappe di sicurezza biologica e quindi non sono DPC.

Ti ricordo che DPC significa "dispositivo di protezione colletiva" differente da DPI "Dispositivo di protezione individuale"
Magari già le sai certe cose ma io nel dubbio preferisco ripetertele.

Ti spiego tutto questo perché se ti hanno chiesto di formulare una gara o un capitolato d'acquisto per una cappa identificata come DPC, allora dovrai acquistare una cappa di sicurezza biologica.

Di seguito ti riporto una tabella che potrebbe aiutarti a capire la differenza tra cappe biologiche e cappe di sicurezza biologica in classe II.

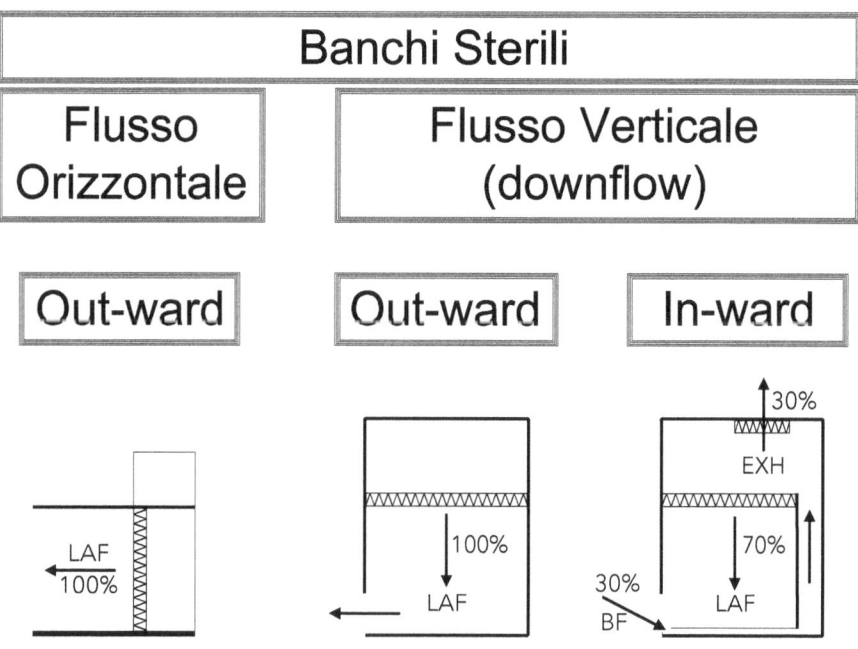

Le cappe di sicurezza biologica invece SONO DPC

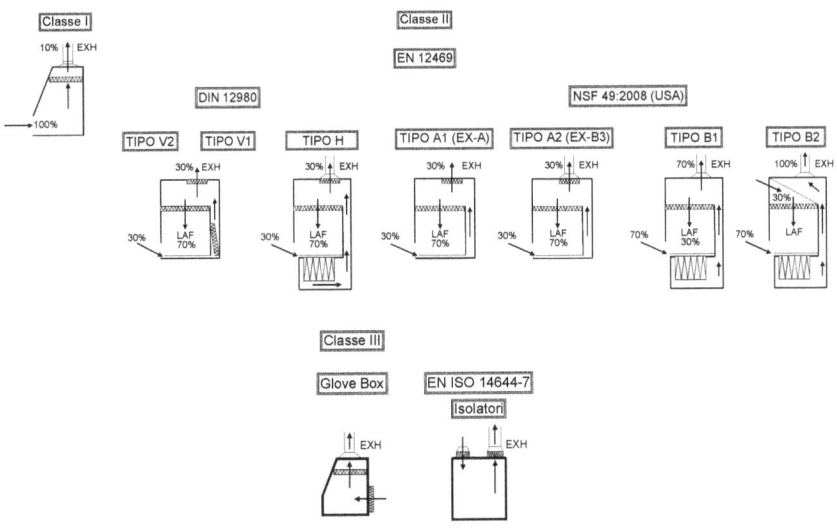

Magari dal disegno non si comprende al 100% l'enorme differenza e qui ti cheido di fidarti, c'è eccome.

In linea generale le cappe di sicurezza biologica hanno tutte lo stesso principio di funzionamento e vengono identificate con il termine "Biohazard"

Tale nome indica precisamente (rischio biologico) quindi la cappa va sempre utilizzata quando la lavorazione implica un rischio biologico per l'operatore oltre che per l'ambiente.

Quelle più diffuse e utilizzate sono le cappe che si definiscono in classe II con protezione operatore, prodotto e ambiente

Cappe in grado di far lavorare in sicurezza l'operatore quando si trova a manipolare virus e batteri ad esempio.

Questo perché non sarà direttamente esposto a rischi biologici e avrà anche una sterilità garantita sul prodotto grazie a un flusso laminare sterile generato sul piano di lavoro da un filtro HEPA di massima efficienza.

Leggi altri articoli su: *www.chizard.it*   Autore: *Fabrizio Cirillo*

Per Hepa si intende "High efficiency particulate air"

I filtri che dovrebbero essere montati su queste cappe dovranno essere almeno H14 con efficienza 99,995% oppure ULPA del 99,999% "Ultra low penetration air"

Le cappe di sicurezza biologica, presentano 2 stadi di filtrazione, uno che genera aria sterile sul piano di lavoro e uno che viene posto prima dell'espulsione dell'aria in ambiente a tutela di tutti.

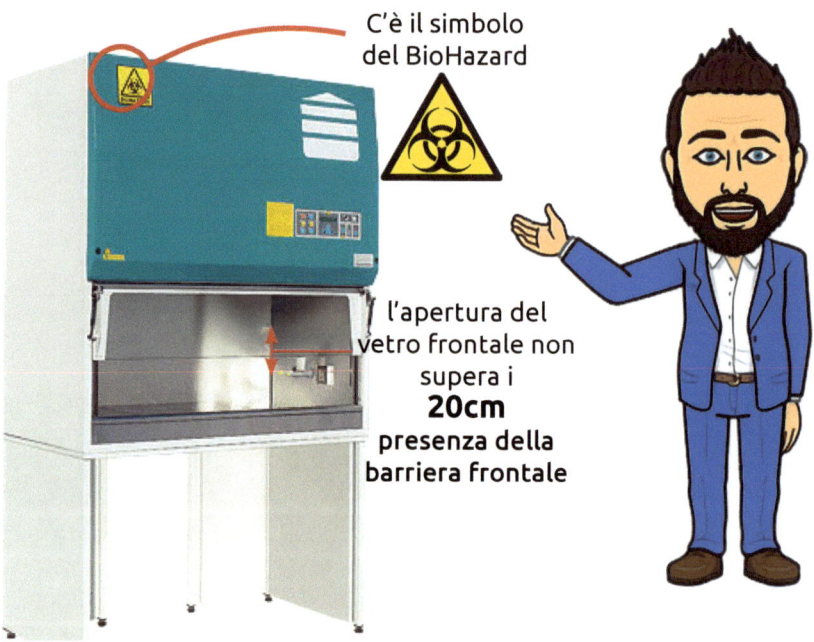

Infatti queste cappe possono essere tranquillamente scollegate da eventuali canali esterni e ricircolare l'aria in ambiente.

Fin qui tutto abbastanza ovvio e tali informazioni sono presenti online in molte forme e documenti che potrai trovare facilmente.

Purtroppo girando per laboratori mi sono sorti diversi dubbi sul fatto che venga fatta un'analisi preventiva dettagliata.
Spesso vengono acquistate cappe non idonee alle lavorazioni da eseguire oppure posizionate male all'interno del laboratorio rischiando di divenire inefficaci.

Risultato?

In parole povere, spreco di soldi!

Ma scendendo un pochino più nel dettaglio, oltre alle cappe standard Biohazard che abbiamo identificato sopra, esistono anche cappe specifiche da impiegare in laboratori nel quale le manipolazioni sono più pericolose.

Mi spiego meglio, spesso si trovano semplici cappe Biohazard nei laboratori oncologici dove vengono preparati antiblastici cancerogeni

In questo caso specifico ad esempio, l'acquisto di una cappa Biohazard non è la scelta più corretta né quella richiesta dalla norma.

Bisognerà optare per cappe Biohazard di tipo H che oltre ai due classici stadi di filtrazione, presentano un ulteriore filtro hepa posizionato direttamente sotto il pianale di lavoro dell'operatore, facilmente identificabile dalla presenza di un cassone porta filtri sotto la cappa.

Ecco, questa tipologia di cappe è quella corretta da utilizzare nei reparti di oncologia o nelle farmacie.

Ho scritto un articolo sul mio portale "chizard" per rispondere a tutte le domande su questa tipologia di cappe per antiblastici che puoi trovare a questo link:
www.chizard.it/031

Ti inserisco la fotografia specifica della cappa tipo H.

Un altro aspetto da non sottovalutare è la larghezza della cappa da acquistare.

Tenere presente quanti operatori dovranno lavorare sotto cappa contemporaneamente.

Io sconsiglio di lavorare in più operatori perché è già difficile spiegare a un'operatore come lavorare al meglio, figuriamoci quando si scontrano due modi di lavorare differenti con mani che si agitano creando reali rischi di contaminazione.

Di seguito ti riporto un esempio di mani che si muovono in modo errato sotto cappa, mettendo a rischio l'operatore stesso perchè la cappa non potrà mai contrastare l'azione dell'uomo, figuriamoci se poi ci sono due operatori.
Non credi?
Ma se proprio non se ne può fare a meno, allora bisognerà scegliere almeno una cappa da 150 se non 180cm così da garantire a ogni operatore il suo spazio di manovra.

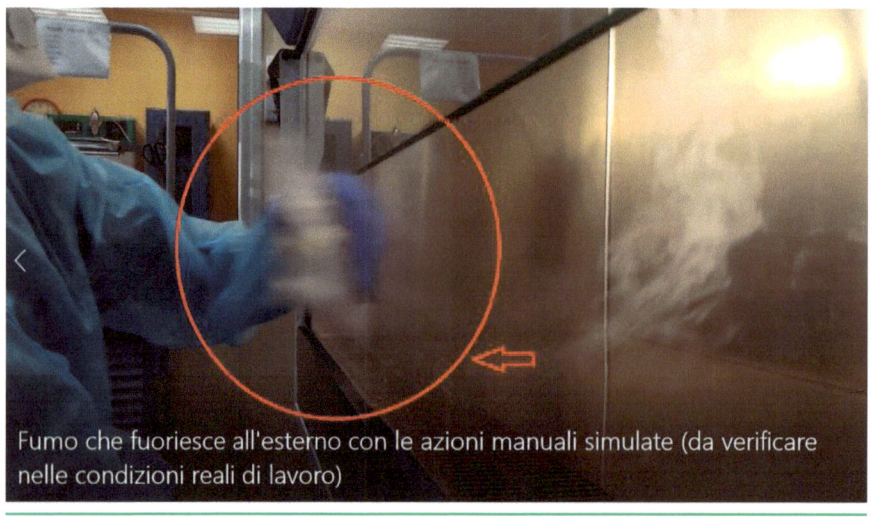

Fumo che fuoriesce all'esterno con le azioni manuali simulate (da verificare nelle condizioni reali di lavoro)

Purtroppo solitamente accade che viene comprata una cappa troppo piccola, per risparmiare e perché gli spazi magari sono limitati, io consiglio vivamente di prendere sempre una cappa di almeno 120 cm anche se l'operatore è uno solo.

Le cappe piccole da 90cm non sono molto efficienti e gli spazi di lavoro risulteranno ridottissimi, al punto che l'operatore si troverà spesso costretto a mettere del materiale fuori cappa, magari poggiato su un bancone e questo non è il massimo.

Infatti devi immaginare che l'interno del piano di lavoro di una cappa andrebbe diviso sempre in 3 zone:

1) **Zona Pulito:** dove mettere il materiale sterile
2) **Zona Sterile:** per la lavorazione
3) **Zona Sporco:** dove mettere il materiale di scarto
Trovi un articolo interessante a questo link: *www.chizard.it/6GKP0*

Forse con la foto riesci a capire meglio di cosa parlo perché anche se la cappa è larga 120cm, come potrai vedere gli spazi già veramente limitati.

In una cappa piccola da 90cm lavorare è praticamente impossibile e in ogni caso si rischia di stare scomodi o di non riuscire a rispettare le zone.

Se poi ragioniamo anche in termini di prodotto, allora questo è notevolmente a rischio rispetto a una cappa da 120cm.

Queste sono mie considerazioni dettate da più di 15 anni di esperienza, sicuramente i venditori, pur di piazzare una cappa, cercheranno di rifilarti quella da 90cm.

Io ti dico di cambiare posto se non hai spazio o di aumentare il budget, perché poi nel tempo ne pagherai le conseguenze, mentre gli operatori ti malediranno per l'eternità per avergli comprato un ripostiglio anziché una cappa.

Devi sempre fare questa piccola considerazione quando decidi di acquistare una cappa biohazard.

Investire qualche euro in più all'inizio, porterà molti vantaggi in futuro che con il tempo apprezzerai e te lo dice uno che non vende cappe, quindi per me è assolutamente indifferente anzi, controllare una cappa da 90cm per me è molto più veloce, in termini di tempo. ;-)

Ma se l'idea è come al solito quella di risparmiare il più possibile facendo finta di non vedere le problematiche reali che si presentano, allora non capisco perché continui a leggere.

Dovevi fermarti quando ho detto che tutti i punti dal numero 1 al 5 insieme non potevano coesistere a meno che qualcuno non ti regali una cappa ottima perché la deve dismettere per qualche motivo.

Se invece hai capito quello di cui ti stò parlando e cioè l'importanza di fare un'analisi preventiva, ecco cosa puoi iniziare a fare da subito:

- Parlare con gli operatori e farti un'idea di quante persone dovranno lavorare sotto cappa (sperando che sia uno solo)

- Chiedere per quale tipo di lavorazione gli serve la cappa, ti ricordo l'esempio dei preparati antiblastici, che prevedono l'impiego di una cappa biohazard in classe II tipo H, che andrà anche obbligatoriamente canalizzata all'esterno perchè normata secondo le DIN12980 in quanto espressamente richiesto dall'ISPESL. Trovi interessante articolo qui: **www.chizard.it/I085T**

- Chiedere dove pensano di far installare la cappa biohazard.

- Analizzare il luogo prescelto al fine di capire se è quello più idoneo (lo vedremo più avanti come fare).

- Chiedere agli operatori se già avevano in mente qualche cappa biohazard e perché hanno scelto proprio quella cappa. (ps non ti fidare del consiglio spassionato dei venditori o di persone che non sono competenti, anche se hanno 20 anni di lavoro alle spalle, perchè potrebbero saperne meno di te)

Insomma, dedicando qualche ora a questi aspetti, potrai già avere le idee più chiare e andare in una direzione più giusta, invece di brancolare nel buio e poi scegliere a casaccio secondo il prezzo più basso proposto.

Non capisco perché ancora oggi sugli arredi vengono indette solo gare di aste al ribasso anziché economicamente più vantaggiose.

I costruttori, stretti in questa morsa, stanno abbassando la qualità e utilizzano materiali sempre più scadenti.

In Italia avevamo case costruttrici che erano il fiore all'occhiello del panorama mondiale e invece oggi, che si acquistano anche cappe Cinesi, la qualità è calata moltissimo.

Te lo dico io che poi mi trovo a dover validare certe cappe che sembrano di cartapesta, zero solidità, mille problemi nel tempo, parti di ricambio difficili da reperire e così via.

Chi ha avuto la fortuna di acquistare cappe biohazard negli anni d'oro se le porta avanti da 20 anni senza ombra di cedimento.

Invece queste cappe nuove, una volta è il motore, una volta è la scheda, oppure si starano, hanno anemometri scadenti ed elettronica scadente, ma soprattutto vengono costruite in modo meno robusto.

Alcune cappe che un tempo venivano prodotte in Italia, adesso vengono duplicate in Cina e poi gli cambiano solo il colore, vengono rimarchiate e via eccole servite su un piatto d'argento a due soldi.

Ti dico subito che io non sono neanche un fautore del cibo cinese, forse perché avendo lavorato in Polizia per molti anni ne ho viste veramente troppe di cucine e mi è venuto il volta stomaco per la sporcizia e i prodotti totalmente esteri mal conservati e scadenti.

Ovviamente se devi procedere all'Acquisto di una cappa biohazard per te stesso allora potrai velocemente rispondere a queste domande utili e fare un auto analisi approfondita.

Ti ricordo che il fine ultimo è quello di tutelare l'operatore e la collettività (da cui ne deriva il nome: DPC – dispositivo di protezione collettiva).

2) DISPOSIZIONE CAPPA IN LABORATORIO

Verifica preventiva del laboratorio dove si pensa di andare a collocare la cappa biohazard, lontano da turbolenze e fonti d'aria (importanza estrema)

Eccoci arrivati alla seconda fase.

Adesso ti guiderò ad analizzare il luogo in cui dovrà essere collocata la cappa senza dare per scontato che quello indicato dagli operatori o dal venditore sia il più idoneo per la tua cappa biohazard.

Le cappe, così come tutti i dispositivi di protezione collettiva, vengono certificate da enti terzi.

Passano dei test rigorosissimi, vengono sottoposte a verifiche di vario tipo direttamente in sede presso il costruttore, ma poi una volta conclusa la vendita, ti scontrerai con un'amara realtà.

Si, perché la cappa supermegabellissima del depliant, che dal costruttore funzionava in una bella stanza asettica, priva di qualsiasi influenza esterna di flussi d'aria, in realtà nel tuo laboratorio non funziona più cosi bene, o meglio potrebbe non funzionare.

Probabilmente anche il tuo laboratorio sarà pieno di strumenti di ogni marca e modello, il più delle volte comprati e accumulati nel tempo senza una strategia logica, che contempli la considerazione di alcuni fattori come temperatura, spazi, immissione aria, spazi di lavoro e via dicendo.

Analizzare preventivamente il luogo dove andrà inserita la cappa è essenziale e di vitale importanza al fine ultimo di avere una cappa efficace.

Altrimenti è quasi meglio non averla!

Una cappa non efficace comporta per gli operatori il rischio di farsi male, in quanto pensando di essere al sicuro, abbassano la soglia di attenzione e percezione del pericolo.

Ecco perché tu devi garantire questa efficacia.

Ma come fare?

Devi andare fisicamente in laboratorio e vedere con i tuoi occhi le condizioni reali.

Se hai la possibilità, sceglierai un luogo che non sia di passaggio tra porte e finestre, privo di passaggio di persone, lontano da correnti d'aria dovuti a split di condizionatori e distante sia a destra che a sinistra dai muri di circa 15cm.

In alternativa puoi anche farti inviare delle fotografie, io a distanza lavoro così però ho un pizzico di esperienza in più e mi riesce facile analizzare tali constesti e dare dei consigli utili a chi richiede la mia consulenza.

Ovviamente se vado sul posto costo di più e questo non rientra mai nel budget a meno che non si capisca l'importanza e allora alcuni vogliono che sia presente.

Puoi anche farti supportare dal venditore se lo reputi persona esperta, ma prima interrogalo per vedere se ti da i consigli giusti.

Scherzo, però non dare per scontato tutto, neanche quello che ti racconto io, approfondisci e cerca di capire sempre meglio il mondo delle cappe.

In alternativa puoi chiedere alla tua assistenza tecnica di cappe ma non dare per scontato che ti possa dare i consigli corretti perché moltissime aziende sono veramente superficiali, non qualificate e svolgono troppi servizi per potersi specializzare solo sulle cappe come noi.
Mi capita sempre più spesso di intervenire per risolvere problemi e durante i corsi di formazione che facciamo ai nostri clienti, emergono delle affermazioni strane su cose che non sono né in cielo né in terra.

Ad esempio, un'assistenza tecnica totalmente focalizzata e qualificata su cappe chimiche e biohazard, potrebbe seriamente aiutarti, in quanto potrebbe fare un sopralluogo funzionale e verificare eventuali flussi d'aria dal punto di vista scientifico e tecnico con l'impiego di strumenti per lo smoke test o anemometri.

Ovviamente questo ha un costo, ma qualche centinaio di euro a fronte di un acquisto di una cappa biohazard che ne costerà migliaia ti consiglio di spenderli, al fine di essere sicuro e avere una vera consulenza prima di buttare i tuoi soldi, non sei d'accordo?

I tuoi colleghi che si affidano alla **TECHNOCAPPE (www.technocappe.it)** sanno di cosa parlo e possono essere testimoni di quello che sto dicendo.

Noi cerchiamo di essere sempre presenti per i nostri clienti, cercando di aiutarli anche da remoto con le fotografie di cui ti parlavo prima.

Siamo convinti che l'uso delle fotografie sia utilissimo. Infatti anche nel nostro sistema di validazione cappe certificato dal TUV sud denominato "**Cappa Sicura**®" effettuiamo fotografie in campo di tutte le prove strumentali, al fine di riportarle nel protocollo finale di convalida.

Se vuoi approfondire, visita la pagina www.cappasicura.it

> Di seguito ti riporto alcune cose che sono state fatte dalla TechnoCappe in questi 35 anni per specializzarci sui DPC:

- 1° **Portale sulle cappe chimiche e biohazard** www.chizard.it
- 200+ **Articoli su www.chizard.it** inerenti alle cappe chimiche e biohazard.
- 16.500+ **DPC Validati** Negli anni
- 435+ **Clienti** Piccoli e Grandi strutture
- 15 **Corsi di Formazione** LIVE a Roma Specifici sulle cappe
- 950 **Operatori Formati** al corretto utilizzo delle cappe.
- 450 **RSPP, Tecnici e Resp. Lab. Formati** Nei corsi LIVE a Roma
- 100 **Risposte al Sondaggio sulle Paure**
  Abbiamo avviato un sondaggio sulle paure dei tecnici di laboratorio riportato nel libro delle cappe, dove ci hanno risposto ben 100 operatori i quali hanno condiviso le loro preoccupazioni del lavoro di tutti i giorni.
- 1 **Guida sui dubbi dei Tecnici di Laboratorio** con risposta alle domande.
- 2 **Guida sul Corretto Utilizzo delle cappe chimiche e biohazard**
- 1 **Guida di 30 Pagine sulla ricerca di un'assistenza cappe valida**
- 10 **Articoli su riviste di settore** con intervento in radio
- 10.000+ **Follower sui Social** Tra Facebook e Linkedin
- 1 **Gioco Sulle Cappe Chimiche e Biohazard**
  Abbiamo creato e realizzato il primo gioco di Quiz Memory sulle cappe chimiche e biohazard, per imparare divertendosi e per far entrare anche i propri cari nel vostro mondo lavorativo.

Ma, se vuoi fare tutto da solo, è giusto che tu sappia alcune cose fondamentali, così da procedere all'autoanalisi senza alcun costo.

Ecco il riepilgo di quello che devi controllare:
- Presenza di una parete libera della larghezza idonea alla cappa biohazard da acquistare facendo attenzione a non incastrare la cappa a ridosso dei muri.
- Presenza di eventuali fonti di disturbo come condizionatori, finestre, porte, corridoi, armadi, prese d'aria nel soffitto che possono generare flussi sul fronte o sopra la cappa.

- Presenza di un punto di passaggio o apertura armadi che possa creare correnti d'aria anche minime sul fronte cappa.
- Possibilità di collegare la cappa all'esterno mediante dei canali della larghezza idonea (meglio se sul tetto) in caso di cancerogeni (**cappe tipo H**).
- Calcolo delle eventuali portate di aspirazione aria espulsa per sapere se è necessaria un'immissione aria esterna (qualora si decida di canalizzare la cappa fuori). Possibilità di montare anche in futuro box filtri a carboni attivi (nel caso si necessiti dell'abbattimento prima dell'espulsione).
- Verifica di eventuali dislivelli della pavimentazione, poichè la cappa deve essere sempre posta in piano altrimenti si rischiano rovesciamenti interni.
- Verifica delle altezze necessarie, al fine di poter installare la cappa in modo idoneo, lasciando il giusto spazio dal controsoffitto al di sopra della stessa per agevolare l'espulsione dell'aria. (Considera di lasciare almeno 40/50cm)
- Verifica degli spazi necessari in caso di manutenzione da parte di un'assistenza tecnica di cappe biohazard, nel caso di sostituzione di filtri hepa, soprattutto se la cappa va smontata dall'alto. (Attenzione perché altrimenti non sarà possibile eseguire il cambio dei filtri, quindi non attaccare la cappa al controsoffitto)
- Previsione futura di un'eventuale acquisto di altre cappe biohazard. Spesso non viene considerato e poi si rischia di non avere spazi o aria a sufficienza.

Come vedi qualche considerazione preventiva si può fare, non trovi?

Non scendo nel dettaglio di ognuna altrimenti non ne usciamo vivi, leggendo questi punti riuscirai a capire che cosa fare.

In generale, queste accortezze ti permetteranno di tutelarti e tutelare i tuoi collaboratori nonché l'acquisto che farai.

Perché è vero che una cappa biohazard tutela gli operatori e l'ambiente ma solo se viene posizionata nel luogo adatto.

Altrimenti non sarà mai efficace.

Inoltre anche l'operatore dovrebbe avere un'adeguata formazione circa l'utilizzo della cappa e non dovrebbe essere lasciato a sé stesso o all'inesperienza di chi lavora con lui.

Con questo, intendo il fatto che se l'operatore non ha la ben che minima idea di come deve lavorare sotto una cappa biohazard, perché non ne conosce il funzionamento, non potrà mai ritenersi protetto, anche se avrà la Ferrari delle cappe.

Questo perché nell'80% dei casi, lui stesso sarà la fonte dei suoi guai.

Inoltre l'ambiente è fondamentale, evitare di avere flussi d'aria con correnti che superano i 0,2 m/s (praticamente lo spostamento di una mano) direttamente sul fronte cappa è l'unico modo per garantire poi che la cappa funzioni.

In pratica, tornando ai nostri esempi di automobili, anche se ti sei comprato una ferrari non significa che sei sicuro al 100%, perché se poi non sai guidarla ti schianterai sicuramente.

Dovrai fare un corso di guida veloce con personale qualificato e solo dopo inizierai a guidarla veramente in sicurezza.

Idem per l'ambiente, mettiamo il caso che hai comprato una Ferrari, che hai fatto un corso sul come guidarla alla perfezione.

Poi ti metti alla guida e non hai considerato il luogo in cui dovrai guidare trovandoti con ghiaccio, neve, dossi o pendenze, probabilmente qualche problema lo potresti continuare ad avere nonostante tutto, non credi?

Ecco perché dovresti essere molto esigente sul collaudo finale nella fase di installazione cappa.

Ma poi te ne parlerò più avanti nei prossimi punti che ti consiglio di non sottovalutare perché nessuno ti racconterà mai certe cose.
Io per certi versi, sono scomodo a molti proprio perché sto facendo un'operazione incessante di divulgazione di materiali e contenuti.

Sono scomodo perché formando te, le assistenze tecniche o i venditori non avranno più modo di prenderti per i fondelli.

Ecco perché molti non condividono questo mio approccio, ma io fin quando anche uno solo dei miei clienti mi dirà che tali informazioni gli sono utili, continuerò a divulgarle.

Spero che siano utili anche a te!

Ma adesso vediamo il prossimo punto, buona lettura.

3) IDONEITA' DELLA CAPPA RICHIESTA
Verifica dell'idoneità della cappa rispetto alla tipoligia di lavorazione che si intende eseguire

Questo è un altro punto dolente che spesso viene sottovalutato.

Per idoneità della cappa intendo diverse cose:

- Che sia la tipologia di cappa corretta, conforme alla normativa richiesta
- Che la casa costruttrice scelta produca una cappa di qualità, robusta e funzionale

Per tipologia intendo che ormai dovresti aver capito che per lavorare in condizioni di rischio biologico, c'è sempre bisogno di una cappa biohazard e non di una semplice cappa biologica.

Quindi vado veloce su questo aspetto.

La parte sul quale voglio dedicare un pò di tempo è quella relativa alla cappa biohazard che sceglierai.

Questo perché esistono diverse case costruttrici di cappe sia Italiane che estere ma non sono tutte uguali e tutte allo stesso livello.

Invece sento sempre parlare di acquisto di cappe ma nessuno chiede mai se ci sono differenze tra un'azienda o un altra, dando per scontato che ci sia la stessa qualità, la stessa robustezza, efficacia e durata nel tempo, ma non è così.

Forse l'unica cosa che hanno in comune è che, essendo cappe biohazard, devono rispettare dei valori abbastanza standard, dettati dalle normative che entrano in gioco.

Ad esempio per la pulizia della classe ambientale, intesa come sterilità sul piano di lavoro, tutte le cappe biohazard dovranno rispondere alla **UNI EN 14644**.

Se invece parliamo di velocità di barriera frontale, di downflow o similari, entra in gioco la **UNI EN 12469**.

Inoltre, anche i filtri installati all'interno dovrebbero essere di classe elevata, al fine di garantire la sterilità, quindi parliamo di filtri **HEPA H14** o anche **ULPA H15**

Ma poi fine delle somiglianze.

Le cappe di case differenti infatti differiscono per tipologia, robustezza e affidabilità delle seguenti parti:

- Elettroaspiratori
- Schede elettroniche di regolazione
- Tastierini o Display
- Allarmi
- Struttura
- Quantità e dimensione dei filtri Hepa
- Comodità di apertura per la parte manutentiva, riparazioni e cambio filtri

Sull'ultimo punto poi ci torneremo, perché è il più importante sia per noi che svolgiamo l'assistenza tecnica che per te che la userai.

Sempre per fare un esempio più comprensibile, prendiamo le automobili, così da riuscire a trasmettere meglio il concetto che c'è alla base di tutto questo.

Ritorniamo per un momento all'acquisto della tua bella automobile.

Ne esistono moltissime al mondo e converrai con me che una **FIAT** non è come una **FERRARI** sia per il prezzo ma anche per la qualità e il dettaglio, la sicurezza, la guida, l'assistenza ecc...

Abbiamo già parlato della differenza di auto da scegliere a seconda del tipo di terreno che si deve affrontare, ma adesso vorrei che tu immaginassi di dover acquistare una vettura sportiva perché il percorso sarà una pista.

La tua vettura sportiva sarà la cappa Biohazard perché l'hai identificata al meglio e la tipologia di lavoro che dovrai eseguire richiede questa cappa.

Adesso devi scegliere però tra più diversi tipi di cappe biohazard, una al fianco dell'altra.
Idem vale per l'auto, hai una sfilza di auto sportive, una vicina all'altra come:
- Una Alfa Romeo
- Una Fiat
- Una Mercedes
- Una Bmw
- Una Ferrari
- Una Volvo
- Una Toyota e così via

Sicuramente, mentre leggevi, hai ristretto immediatamente il campo della scelta eliminando forse alcune case costruttrici che non si sono posizionate come le altre.

Provo a indovinare quali case costruttrici hai tenuto:
- Mercedes
- Bmw
- Ferrari

Vero?

No, è che semplicemente queste cose sono scontate e ormai chiunque sa che una Ferrari o una mercedes sono più veloci, performanti, sicure oltre che più belle rispetto ad altre case costruttrici.

Lasciamo perdere il costo perché qui stiamo ragionando in termini di obiettivi e risultati da raggiungere.
Il tuo risultato è quello di voler arrivare primo in una gara, che la tua auto non ti molli a metà corsa e che se per caso devi frenare, si arresterà in minore spazio salvandoti la vita, giusto?

Per le cappe biohazard è la medesima cosa, ci sono case costruttrici molto più performanti di altre, con tutte queste caratteristiche sopradescritte e altre che invece rischiano di metterti in pericolo.

Il divario tra alcune case costruttrici è veramente enorme, come nell'esempio che ti ho inserito

Il problema è che non è percepito da nessuno, perché non c'è un risvolto mediatico e una conoscenza così diffusa.

Complice anche il fatto che gli stessi venditori e case costruttrici non fanno corsi di formazione sulle proprie cappe o non illustrano i prodotti in un modo comprensibile e comparabile facilmente ad altre aziende.
Se io avessi un'azienda di costruzione di cappe, la primissima cosa che farei sarebbe quella di creare una tabella riassuntiva e comparativa con tutte le competitors inserendo sia i dettagli tecnici ma soprattutto i riscontri in termini di:
- affidabilità dei pezzi
- reperibilità degli stessi
- facilità di manutenzione cappe da parte dei tecnici
- praticità nel cambio dei filtri
- Vantaggi e svantaggi
- ecc ecc

Quindi se non comprendi al 100% tutte queste differenze non è colpa tua, ma è colpa delle aziende che non sanno spiegarlo e mettersi a confronto, qualitativamente parlando.

Siccome il mercato è totalmente orientato all'acquisto al ribasso di cappe e arredi, la qualità viene meno e questo è indiscutibile.

Quindi se ti mettessero davanti due auto come una FERRARI e una FIAT, ci metteresti un attimo a dire che la scelta più corretta è sicuramente la prima.

Se invece hai davanti due cappe biohazard di case differenti, allora sono dolori perché immagino che per te siano due pezzi di ferro che funzionano allo stesso modo e quindi sicuramente opterai per spendere meno.

L'importante è capire che ci sono delle differenze, tutto qui.

Non voglio essere di parte per nessuno, mi limito solamente a fare delle considerazioni per aiutarti a ragionare nel modo corretto.

Spero di averti passato il messaggio che non puoi basarti solo sul prezzo finale nella fase di acquisto di una cappa biohazard perché, sebbene abbiano principi di funzionamento simili, qualcosa cambia inevitabilmente.

Le stesse case costruttrici non lo fanno notare e si fanno la guerra al prezzo più basso, ma chi ci rimette poi sei e sarai sempre tu.

Non compreresti mai una panda super accessoriata così come non compreresti una ferrari senza ruote e motore.

Per darti qualche veloce suggerimento ti consiglio di valutare:
- Luogo di costruzione della cappa (In Italia è preferibile rispetto alla Cina)
- Da quanti anni tale modello è in costruzione (se sono troppo pochi, rischi di prenderti una cappa che ancora non è stata testata. Se invece è troppo vecchia, rischi di prenderti qualcosa che andrà ben presto fuori produzione)
- Fatti spiegare la praticità di apertura e cambio dei filtri, così da agevolare i tecnici e non dover pagare una tombola per la sostituzione
- Chiedi se hanno un report di guasti ricorrenti e periodicità
- Tempi di costruzione e consegna
- Cerca aziende che ti inseriscano il collaudo da società esterne, non interne e che svolgano tutti i test richiesti dalla norma, invece di attaccare semplicemente la spina
- Chiedi se hanno testimonianze di altri tuoi colleghi che le hanno acquistate in passato e con il quale ti puoi cofrontare

Questo ultimo punto, credo che sia fichissimo e molto funzionale, perciò ti consiglio assolutamente di adottarlo.

Semplicemente chiedi al venditore o alla casa costruttrice che ti vuole piazzare la sua cappa, di dimostrarti effettivamente che sono tutti estremamente soddisfatti delle loro cappe e lo può fare facilmente mettendoti in contatto con uffici acquisti di strutture simili alla tua, con i resp dei laboratori o con gli utilizzatori stessi.

Se non lo fanno i venditori, puoi anche farti dire dove sono state installate e poi fare tu questa ricerca.

Credo fortemente che un ufficio acquisti dovrebbe fare il miglior acquisto possibile ma anche che dovrebbe essere aiutato dai diretti interessati, con una collaborazione su più fronti al fine ultimo di raggiungere un risultato.

Non lasciarti spaventare della mole di lavoro, anche perché è puramente iniziale, una volta che avrai identificato un paio di case costruttrici affidabili per la parte biologica e un paio per la parte chimica poi dovrebbe essere tutta in discesa no?

Capisco che è difficilissimo per te riuscire ad individuare la cappa giusta ma comincia a vedere e osservare qualche dettaglio in più e magari la prossima volta che si presenteranno dei venditori con la loro bella brochure colorata, saprai che dovrai analizzarla a fondo e metterla a confronto con le altre, cercando di appuntarti domande sulle differenze che trovi nelle varie descrizioni.

Ho visto che ultimamente abbindolano i clienti con alcune cose che poi sono poco funzionali o mai utilizzate da nessuno, non cascarci.

Concentrati su quello che hai fatto all'inizio, cioè l'analisi del lavoro che dovrai andare a svolgere e pensa al futuro, pensa ad esempio alla semplicità o meno di apertura della cappa per l'assistenza tecnica, in caso di cambio filtri.
Ti avevo accennato che avresti approfondito questo punto e ti spiego perché è così importante per tutte le figure interessate.

Devi sapere che ci sono cappe biohazard in commercio studiate per non essere mai manutenute.

Nel senso, che chi le ha progettate e costruite non si è preoccupato minimamente del seguito e cioè del cambio dei filtri hepa interni.

Infatti ci sono cappe che hanno un sistema allucinante per tale sostituzione filtri e bisogna impiegare anche 3 o 4 tecnici contemporaneamente per svolgere il lavoro.

Ecco perché alcune assistenze tecniche (poco strutturate e competenti) fanno finta di cambiarti i filtri HEPA.

Si hai sentito bene, ci sono aziende di assistenza tecnica che letteralmente fanno finta di sostituire i filtri hepa!

Mi dispiace molto denunciare questo perché anche io ho un'assistenza tecnica, ma credo molto nella libera informazione e vorrei che tu sapessi a cosa vai incontro.

Anche perché tu stesso rischi di darti la zappa sui piedi, in quanto durante la fase di acquisto di una cappa biohazard, se tieni in considerazione anche questo aspetto, poi risparmierai soldi, tempo e soprattutto eviterai di metterti nella condizione di dover rischiare eventuali fregature.

Ora non sono qui a fare nomi e cognomi, non mi interessa, lo so per certo perché in alcuni casi ho perso dei lavori e andando ad analizzare le offerte con il cliente, uno dei dettagli (che poi di dettaglio non si tratta) era proprio il fatto che altre agenzie impiegassero 1 o al massimo 2 tenici per la medesima sostituzione filtri su cappe in realtà complesse...

Cappe che prevedevano di dover alzare completamente i plenum con i motori ancorati sopra per poter sfilare i filtri hepa da sotto.

Parliamo di cappe spesso molto grandi, larghe anche 150 o 180cm.

Quindi o non ci capiamo niente e mandiamo 4 tecnici esperti senza motivo, oppure qualcuno stà giocando sporco, non trovi?

Inoltre una cappa complicata da manutenere comporta anche notevoli rischi biologici di contaminazione per te e i tuoi colleghi.

Questo perché i tecnici che intervengono, trovandosi in difficoltà per tirare fuori i filtri, rischieranno di sbatterli, sollevando le particelle che erano state intrappolate su di essi con la conseguente sospensione in laboratorio.

E' inutile che ti dico che le particelle possono essere il veicolo di virus e batteri come quelli nella copertina, che ma anzichè rimanere intrappolati nei filtri saranno liberi di scorazzare per il tuo corpo.

Se vuoi approfondire questo argomento ti basterà scaricare la guida che ho realizzato e che trovi sul sito di **www.chizard.it**

A me interessa solo che le cose si facciano bene e se per farlo devo fare informazione, scrivere articoli e mettere in condizione tutti di potersi difendere, allora è quello che continuerò a fare, finché ne avrò la voglia e le forze.

Avrai capito che ti serve del tempo per scegliere al meglio la soluzione giusta per te (se consigliato da qualcuno senza interessi diretti sarebbe meglio).

4) ACCERTAMENTO DANNI
Verifica totale della cappa dopo l'installazione, per accertare che la stessa funzioni correttamente e non abbia subito danni nel trasporto.

Quando acquisti una cappa nuova, viene data sempre con la sua certificazione e test di collaudo.
Quello che molti non capiscono è che tali test vengono eseguiti presso la casa costruttrice, prima che la cappa venga spedita con corriere.
Quindi è cosa buona e giusta chiedere di avere un "vero collaudo" nel luogo esatto in cui la cappa verrà installata e io consiglio di far eseguire detti test in una condizione quanto più vicina a quella reale.

Invece il 90% delle aziende, cerca di vendere le cappe e non considera minimamente il collaudo, peraltro obbligatorio, facendo poi attaccare la spina al venditore stesso o al corriere, ma senza eseguire tutti i test necessari.

Ecco perché spingo molto su questo punto.

Ci sono delle case costruttrici che nel tempo si sono convertite e finalmente hanno capito l'importanza di fare un collaudo come si deve e sono le uniche con il quale collaboriamo.

Noi della Technocappe non facciamo fogli volanti tanto per farli, ma vere e proprie convalide con tutte le prove richieste dalle norme.

Questo perché siamo orientati a tutelare il cliente finale, in questo caso chi acquista la cappa.

Se guardi attentamente le offerte, noterai che sicuramente ti hanno inserito la voce relativa al collaudo ma poi fanno finta di eseguirlo oppure mandano un'azienda compiacente che fa buon viso a cattivo gioco.

Questo lo trovo inaccettabile e inammissibile!

Devi sapere che hai solo quell'occasione per accertarti che la cappa effettivamente stia funzionando nel modo corretto, per verificare se il costruttore nel trasporto abbia sbattuto la cappa, facendo spostare i filtri hepa ad esempio.

I filtri hepa infatti sono molto delicati e basterebbe uno spostamento interno anche solo di 1 cm per determinare una problematica sulla classe di pulizia ambientale.

Capisco che non è il tuo lavoro!

Probabilmente vorresti fare altro ma ricordati che stai spendendo dei soldi per acquistare un DPC che garantisca la sicurezza dai rischi biologici ai tuoi colleghi e indirettamente anche te stesso.

Se ti capita di passare dal laboratorio o incontrare i tecnici in ufficio o comunque di trovarti all'interno dello stesso edificio con impianti di aerazione in comune, non è impossibile che una potenziale contaminazione arrivi anche fino a te. :-(

Quindi occhio!

Ma quali controlli dovranno eseguire i tecnici durante la fase di collaudo?

Voglio aiutarti con un elenco delle verifiche più importanti da eseguire:

- Verifica della classe di pulizia ambientale Contaparticellare
- (Downflow Test) controllo velocità Flusso Laminare interno
- (Smoke test/Air Flow visualization) barriera frontale/flussi interni
- (Air room velocity test) Verifica velocità flussi tangenti sul fronte
- (Inflow Test) Barriera frontale di protezione dell' operatore
- Verifica del pannello allarmi, elettrico, e test di funzionalità
- Verifica di sicurezza elettrica a Norme CEI
- Disinfezione interna/esterna con disinfettanti
- Disinfezione interna/esterna con disinfettante Umonium38
- Pulizia prefiltri inclusa (se presenti e se necessaria)
- Campionamento con tamponi pre e post disinfezione
- Verifica dell'intensità luminosa neon luce interni cappa
- Verifica deriva termica (differenza temperatura ambiente/cappa)
- Verifica della rumorosità nella zona di lavoro per tutela operatore

Tutte le verifiche sopra descritte e anche quelle che seguiranno vengono racchiuse nel nostro sistema a marchio registrato denominato "**Cappa Sicura®**" che puoi approfondire sul sito www.cappasicura.it, dove puoi richiedere maggiori informazioni semplicemente lasciando la mail.

Ti consiglio vivamente di richiedere anche i seguenti servizi aggiuntivi, che ti permetteranno di avere una panoramica più completa della tua cappa, oltre a una documentazione in regola.

- Fotografie di tutti i test eseguiti sul campo e inserimento nel protocollo finale
- Inserimento dei criteri di accettazione e riferimenti normativi
- Certificati degli strumenti impiegati
- Attestati dei corsi di formazione dei tecnici intervenuti (qualificati e competenti)
- Certificazioni dell'azienda (ad esempio ISO 9001:2015 specifica su cappe)
- Digitalizzazione della documentazione prodotta per consulto in via telematica
- Corso di formazione sul campo agli operatori del funzionamento cappa

Adesso dovresti avere qualche elemento in più anche per esigere i controlli che ti spettano e se vorrai, potrai chiedere alla casa madre di far fare il collaudo alla ditta TechnoCappe, così interverremo noi per tutelarti.

Infatti una delle cose che ci contraddistingue da tutte le altre è prorio che **NON VENDIAMO CAPPE!**

Bene, allora fai un piccolo sforzo in più e quando stipuli il contratto richiedi questi controlli.

Come si dice, chi ben comincia è a metà dell'opera.

Oltretutto se la cappa non supera tali prove, avrai un motivo per richiedere sin da subito la riparazione o delucidazioni in merito.

Quantomeno aprendo una segnalazione, se dopo diversi mesi dovesse accadere qualcosa, sarai tutelato in qualche modo ma su questa parte relativa alla garanzia dobbiamo scendere più a fondo perchè è un'altro punto saliente dell'acquisto.
Poi vedi tu il da farsi e in bocca al lupo se decidi di affidarti alla sorte.

5) REGOLARITÀ DELLA GARANZIA E FUNZIONALITÀ

Verifica della reale garanzia sulla manutenzione e funzionalità della cappa biohazard

Riallacciandomi a quanto riportato sopra al punto 4, è diffusissimo il "pensiero" da parte dei clienti che la garanzia citata dai costruttori o venditori di 12 o 24 mesi comprenda praticamente tutto.

Voglio smentire questa emerita cavolata!
Infatti la garanzia che intende il costruttore è differente da quella che intendi tu.

Praticamente la garanzia ti copre solo in caso di guasti dovuti a problemi di carattere elettronico, rottura del motore, rotture di schede in maniera accidentale, quindi problemi che non dipendono in alcun modo dal cliente.

Non è prevista alcuna garanzia sui consumabili come i filtri Hepa o i carboni attivi, o sull'eventuale verifica dell'aspirazione della cappa o sui controlli obbligatori che andrebbero fatti annualmente anche su cappe nuove.

In genere, soprattutto chi ha la garanzia di 24 mesi, pensa che per 2 anni dall'acquisto non debba fare alcun tipo di verifica e forse solo trascorsi i 24 mesi si preoccuperà di far fare tali verifiche obbligatorie a qualcuno.

Questo non è assolutamente corretto, la cappa dal momento in cui viene installata diventa un tuo problema così come la sicurezza degli operatori è un tuo problema e quindi anche solo semplicemente per la legge 81/08 (sicurezza sul lavoro) sei obbligato a sincerarti che la tua cappa biohazard stia funzionando correttamente e costantemente tutti i giorni.

Quindi per semplificare, in sintesi ti riporto le periodicità di verifica da me consigliate:
- Collaudo con tutte le verifiche (1 volta alla prima installazione)
- Verifiche come sopra rirportato (sistema cappa sicura) ogni 12 mesi minimo il messaggio che voglio riportarti è che dopo aver fatto fare le verifiche subito dopo l'installazione
- Sostituzione dei filtri Hepa in caso di urti o problemi (su esigenza)
- Sostituzione dei filtir Hepa periodica (ogni 5 o 6 anni per prevenire).

Se non ti fidi della tua assistenza o semplicemente ti vuoi guardare intorno per capire se ci sono altri fornitori validi che possano supportarti seriamente e velocemente, cercane una ex novo che sia qualificata e competente.

Leggi altri articoli su: *www.chizard.it*   Autore: *Fabrizio Cirillo*

ASSISTENZA TECNICA QUALIFICATA CAPPE CHIMICHE E BIOHAZARD

Ogni riferimento è puramente casuale ;-D

Il mio consiglio è quello di lavorare con un'azienda che si trova nelle tue vicinanze, cosicchè ti possa supportare al meglio.

Non capisco come facciano certe aziende a partire dal Nord e venire a lavorare a Roma con una distanza di circa 800km per 30/40 euro a cappa ed essere più competitivi di noi!

Nel contempo non capisco come mai tu o i tuoi colleghi accettiate un'offerta all'estremo ribasso che non vi tutela minimamente.

Che poi parliamoci chiaro... Secondo te, come fa a costare meno di un'assistenza specializzata dietro casa tua?

Stupido non sei e se fai due più due capirai che forse da qualche parte ci sono delle falle e che probabilmente già la tua nave si sta riempiendo di acqua rischiando di rimanere fregato.

Un pò com'è accaduto a Schettino con la sua Nave che poi è affondata purtroppo.

Spero di essere riuscito a darti un pò di nozioni e qualche valido spunto utile, adesso ti faccio un breve riassunto delle cose importanti da sapere:

- Un'analisi di quali lavori dovrai eseguire nel tuo laboratorio e il punto da cui partire.
- E' importantissimo tenere in considerazione sotto vari aspetti il tuo laboratorio.
- Le cappe non sono tutte uguali così come le macchine non sono uguali.
- Tu non sai usare tutti i tipi di cappe così come non sai usare tutte le autovetture.
- Ogni laboratorio è differente ed è fondamentale un'analisi così come il guidare in città è differente che guidare sulla neve.
- Avere una garanzia su una cappa di 24 mesi non ti mette al riparo da eventuali malfunzionamenti e non copre la sostituzione dei filtri.
- Non tutte le assistente tecniche sono totalmente focalizzate sulle cappe.

- Cercare, scegliere e monitorare la propria assistenza tecnica è cosa buona e giusta.
- Fare i controlli sulla propria cappa almeno ogni 12 mesi è obbligatorio ma soprattutto tutelare la propria salute e quella degli altri è obbligatorio.

Con questo ti saluto e ti ricordo che su www.chizard.it trovi informazioni introvabili su internet o offline.

Mi piacerebbe arrivare a quante più figure interessate quindi quando avrai finito di leggermi, regalami a qualche tuo collega, sicuramente te ne sarà grato.

Un caro saluto
a presto

Fabrizio Cirillo

Il canale di Youtube di Chizard ed alcuni dei suoi video

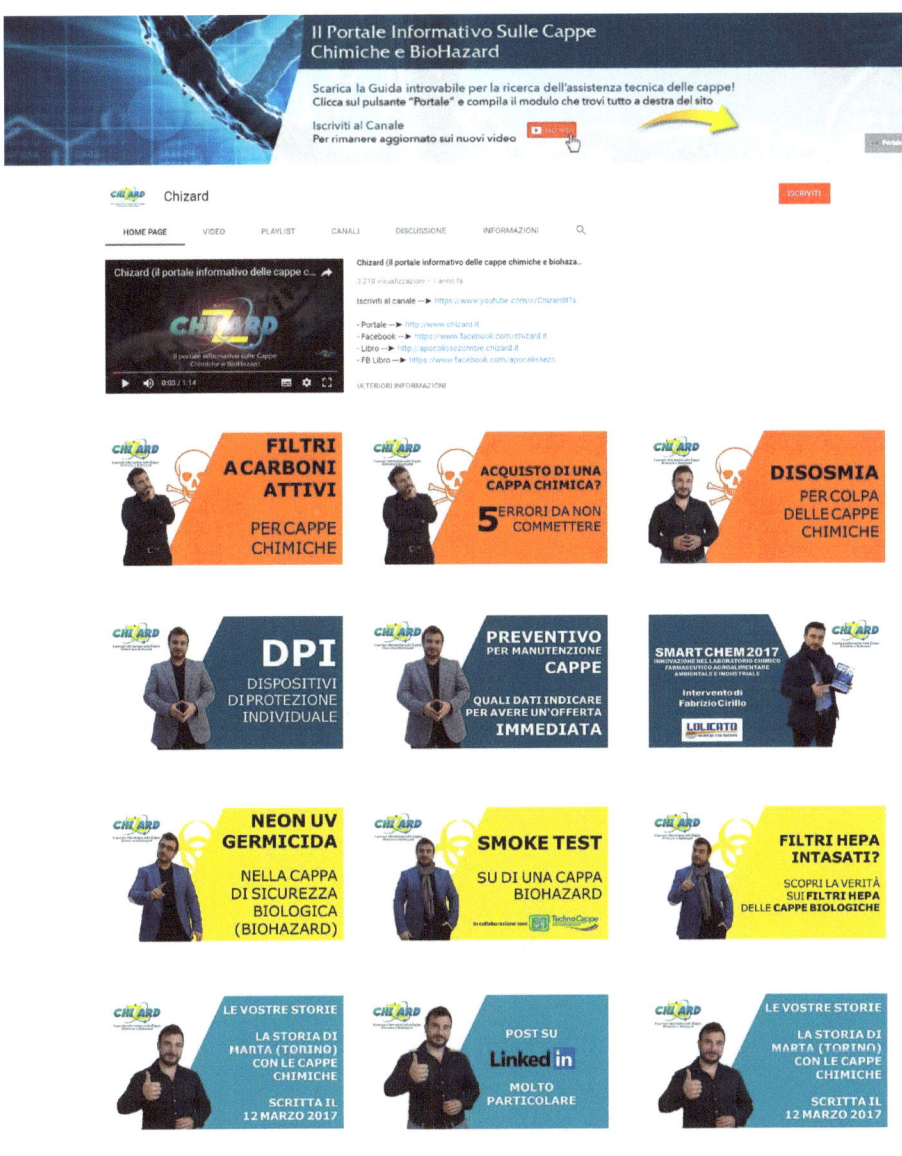

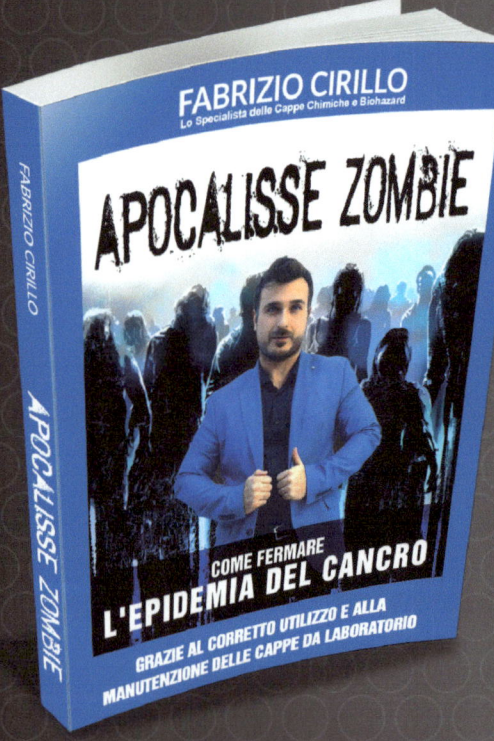

HAI LETTO IL PRIMO ED UNICO LIBRO SULLE CAPPE CHIMICHE E BIOHAZARD?

Un libro con cui approfondire l'utilizzo delle cappe Chimiche e BioHazard

A chi è rivolto il libro?
- A tutti i tecnici di laboratorio di cappe chimiche e cappe Biohazard
- Agli RSPP (Responsabili della sicurezza, prevenzione e protezione)
- Agli universitari che si avvicinano per la prima volta ai DPC
- A chi vuole informare, formare e tutelare se stesso e gli altri

vai su:
www.apocalissezombie.chizard.it

www.ingramcontent.com/pod-product-compliance
Lightning Source LLC
Chambersburg PA
CBHW040335220526
45473CB00009B/2699